科学能救命

飞崖走壁的山峰向导

[英]费利西娅·劳 [英]格里·贝利 著 [英]莱顿·诺伊斯 绘 苏京春 译

中信出版集团 | 北京

图书在版编目（CIP）数据

飞崖走壁的山峰向导 /（英）费利西娅·劳,（英）
格里·贝利著;（英）莱顿·诺伊斯绘;苏京春译. --
北京：中信出版社，2022.4
（科学能救命）
书名原文：Trapped on the Rock
ISBN 978-7-5217-4132-2

Ⅰ.①飞… Ⅱ.①费… ②格… ③莱… ④苏… Ⅲ.
①山—少儿读物 Ⅳ.① P931.2-49

中国版本图书馆CIP数据核字（2022）第044645号

飞崖走壁的山峰向导
（科学能救命）

著　　者：[英]费利西娅·劳 [英]格里·贝利
绘　　者：[英]莱顿·诺伊斯
译　　者：苏京春
审　　订：魏博雯
出版发行：中信出版集团股份有限公司
　　　　　（北京市朝阳区惠新东街甲 4 号富盛大厦 2 座　邮编　100029）
承 印 者：北京联兴盛业印刷股份有限公司

开　　本：889mm×1194mm　1/20　　　印　张：1.6　　　字　数：34千字
版　　次：2022 年 4 月第 1 版　　　　印　次：2022 年 4 月第 1 次印刷
京权图字：01-2022-0637
书　　号：ISBN 978-7-5217-4132-2
定　　价：158.00 元（全 10 册）

出　　品：中信儿童书店
图书策划：红披风
策划编辑：黄夷白
责任编辑：李银慧
营销编辑：张旖旎　易晓倩　李鑫檀
装帧设计：李晓红

目 录

乔的故事

你们好！我叫乔。我刚刚从一次探险中回来。这一次，它发生在高山的陡峭的山崖上。

我正在岩石上向上爬，但突然就发生了地震。稍后我就会告诉你关于地震的一切。当时，我脚下的地面已经坍塌，我止不住地向下滑，直到导绳完全拉紧，我就悬在了空中。

好吧，我最后还是设法爬上了悬崖，多亏了那些重要的向导，有动物朋友，也有人，当然也多亏了我所知道的科学知识，我终于顺利返回了山谷。

现在，让我来告诉你所有的事情吧。

1

我当时已经在山上爬了一整天，很累了。我感觉自己的攀岩设备越来越重，山崖也越来越陡峭。人在爬山的时候，当你爬得越高，空气中的氧气也就越少。所以，我们需要攀岩设备来辅助呼吸，尽管这样，我还是上气不接下气。

但我知道自己必须到更高的地方才能找到我想要找的东西。我想要观测的岩石区在地图上有非常清楚的标记。我是一定要到达那里的。

山峰是什么

山峰是比周围的陆地高得多的陆地区域。群山合在一起称为山峦或者山脉。

我们用一种叫作等高线的圆圈来绘制一座山的地图。每一圈等高线显示的是不同的高度。

板块构造说

地壳是由构造板块组成的，它们犹如拼图一般拼合在一起。大约 12 个大板块和 20 个小板块组成了这个"拼图"。

板块不断地移动，经常相互碰撞和摩擦。一个板块可能被压在它的相邻的板块之下，或者被挤在一起，从而形成一条山脉。

山脉

来自地球内部的炽热的熔岩

地壳板块向下压

珠穆朗玛峰是喜马拉雅山脉中最高的山峰，是由板块碰撞形成的

整个上午我都在把自己挤进山谷的裂缝里。千百万年来，这些山脉被拉得越来越长，形成崎岖不平的山体。岩石被震碎的地方，就有许多洞和狭窄的空隙。

不同的地形

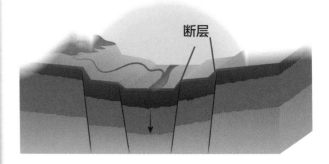

断层

断块山

有时，地壳构造板块移动导致地壳伸展并断裂成地块。称为断层的裂缝出现在地块之间。

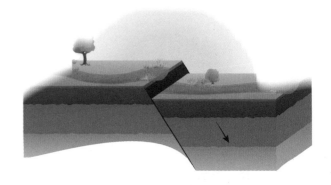

一些地块可能下沉，形成陡峭的山谷。山谷两边仍然很高的地块称为断块山。

褶皱山

当板块相互碰撞或滑动时，会迫使地壳在压力下崩塌和折叠，褶皱山就形成了。

火山

火山是由炽热的液态岩石（熔岩）及其携带物形成的锥形山体，熔岩就堆积在其喷出口的周围。

已形成褶皱山的岩层

切割高原

切割高原是由于河流侵蚀山脉的一部分而形成的。河流的侵蚀留下了被山谷包围的高而平的高地。

岩层

在一座被侵蚀的山的侧面，你经常可以看到不同岩层甚至颜色的层叠。

地质学上称为地层。地层是由不同类型的岩石随着时间推移，层层堆叠，固结成岩形成的。地壳中越在下面的岩石，形成的时代就越古老。

地层是由什么构造的

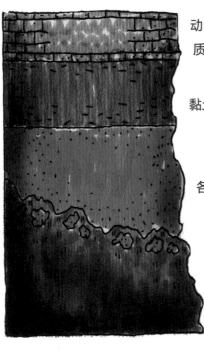

动物骨骼与海水中的化学物质混合后可生成石灰岩

黏土脱水胶结可生成页岩

各种砂粒胶结可生成砂岩

最下面的是坚硬的花岗岩

地层通常由沉积在海底的沉积物组成。沉积物可能由河流中的淤泥、海滩上的沙子或部分已死亡的动植物体组成。数百万年来，越来越多的地层堆积起来，新的压在较老的地层上。经年累月的压力之下便把这些软沉积物变成了岩石。

侵蚀作用

侵蚀作用是风力和流水在运动状态下改变地面岩石及其风化物的过程。山脉被侵蚀后留下了参差不齐的山峰和深谷。

侵蚀作用和丰富的地层造就了令人惊叹的美国科罗拉多大峡谷

我在山上做了一些古生物学研究。这是一项在岩石中寻找动植物化石的工作。

由于岩层是经几十万年沉积下来的，不同岩层中的动植物各不相同。你挖得越深，化石年代就越早。

我随身带着工具——一个放大镜、一把软刷子、尖嘴镐、镊子和一把牙科刮刀。

必须非常小心地把这些化石从岩石中取出，然后在实验室里进行清理和研究。很快我的包里就装满了要带回去的样品。

山峰上的化石

化石是地壳中保存的生活在很久以前的植物或动物的遗体、遗物或遗迹。它可以是一副完整的骨架、一块骨头、一片叶子或一组脚印。

化石告诉我们亿万年前生活着什么样的动植物。它们有助于科学家确定岩石的年代，了解曾经存在的世界。

一组三叶虫化石

史前鱼类化石

这些昆虫被困在琥珀中，琥珀是树木释放出来的树脂滴落并被掩埋在地下千万年后而形成的生物化石

动物化石通常发现于动物当时死的水下或附近的淤泥沉积物中。当原有生物体的有机质全部腐烂溶解，然后又被另外某种矿物质填充，填充物保留了原来生物的外形和大小，这样就形成了铸型化石。

但就在我发现我上方岩石表面的第一块化石时，地面开始震动。

我脚下的石头摇晃起来，我失去了平衡。幸运的是，我是被钩住的并被绳子拴在了悬崖上，但那仍是一个危险的时刻。

褶皱和裂缝

随着山脉的形成，岩石会承受巨大的压力。岩石可能会开裂和移动，这种运动会在地面上产生冲击波，引发地震。

地震的烈度可以用麦加利烈度表来衡量。最轻微的是 1 度。最强的是 12 度。发生地震的地下地点称为震源。震源在地表的投影点是震中，震中感受到的震动最大。

美国加利福尼亚州的圣安德烈亚斯断层因持续不断的地震而震动

强烈的地震会摧毁房屋

地震仪可测量地面的震动

11

我不能永远在空中晃来晃去的。我尽全力拉住绳子，爬到了上面的台子上。

在那里，我环顾四周，辨别方向。

原来我并不是一个人！

山峰上的动物

山区在冬季和夜间非常寒冷，风也很大。

鼠兔是一种有大而圆的耳朵的
小型哺乳动物。它经常生活在
洞穴里

灰熊

麋鹿

生活在山区的哺乳动物
长着厚厚的皮毛，通常在冬
季冬眠。

山狮

在溶洞中

溶洞是由溶解了二氧化碳的流水侵蚀而形成的。这种气体是由土壤中腐烂的植物释放出来的，二氧化碳会把水变成弱酸性。当酸性的水流经过石灰岩等岩石裂缝时，石灰岩就会逐渐溶解。

溶洞景观

当水和溶解的石灰岩一起滴下时，二氧化碳气体就被释放，留下一种叫作碳酸钙的矿物。当它滴落到洞穴底部时，就会逐渐形成尖尖的堆积物

随着裂缝越来越大，溶洞就慢慢形成了。

从洞穴顶部向下生长形成的，被称为石钟乳。从洞穴地面向上生长形成的，被称为石笋

像雄鹰一样翱翔

　　鹰是一种大型猛禽。全球大约有 60 种不同的鹰。鹰有一个钩状的喙和强有力的弯曲爪子来帮助它抓取和撕裂肉。它敏锐的视力让它在很高的高空都能发现食物。

　　鹰有一个很大的翼展。翼展就是从一个伸展翅膀的翅尖到另一个伸展翅膀的翅尖之间的长度。正是因为其翅膀有如此的形状，所以鹰才能更好地滑行和飞行。

猛禽典型的钩状喙

机翼形状像鸟的翅膀。鸟翅膀的上侧要比下侧长，当鸟飞行时，翅膀上侧的空气会比下侧的空气流动得更快。

飞机的机翼形状就像鸟的翅膀

空气是有重量的，尽管它看起来并不重。空气的重量产生气压。空气运动得越快，产生的压力就越小。所以机翼上方的气压小于机翼下方的气压。机翼下方的较高压力可将其向上推。这种因气压差而产生的力叫作升力，是升力帮助了鸟和飞机飞行。

虽然我喜欢看山上的动物，这里是它们的归属地，但是悬崖可不是我的归属地。我想回到山下了。但要怎么做才能回去呢？我现在能听到悬崖上瀑布的轰鸣。这会是我唯一能下去的路吗？

幸运的是，我从一个意想不到的地方得到了帮助……

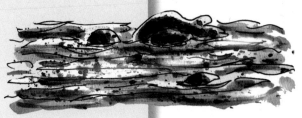

下坡流

水总是向下流动的。这是因为它被地球的引力向下拉。路越陡，水流就越快。

瀑布"哗啦啦"地向下面的水潭垂落。瀑布在往下掉落的时候还会侵蚀岩石。

山间瀑布从悬崖上倾泻而下

引力

　　引力是指物体与物体之间的吸引力。地球产生的引力就是重力。它将物体拉向地心。月亮和太阳也有引力。引力的大小取决于物体之间的距离，以及它们的质量。物体的质量越大，所受到的引力也就越大。

山涧湍急的河流为独木舟运动员提供了令人兴奋的挑战

就在我身边，一只山羊栖息在一个狭窄的岩架上——就像我现在正紧紧抓住的那个岩架。

"来吧，"山羊好像在说，"你还在等什么？任何人都会认为你恐高！"

"你到底来不来？"另一只好像在问，意思是"你只要乖乖跟着我们就行了"。

这些山羊下山似乎非常简单！

多年来，山羊都是沿着一条狭窄小路下山的。悬崖峭壁上有这些山羊熟悉的路。

但却不是我熟悉的路！

我试着告诉这些山羊，我可没有特殊的蹄子（这就像一个硬边，里面有柔软的海绵垫）可以像它们一样抓住粗糙的岩石或者能在冰上防滑。

但我也不想让这些山羊知道我有多害怕。

于是，我鼓起勇气，在它们身后一步一步小心地出发了。

它们真的把我安全地带下了山。

我下到山下，遇到了一群向导。他们是出来寻找我的，还帮我把化石样本带回了基地。

我这次的确在山上遇险了，所以答应下次一定和他们一起去。

山里人

生活在高山上的不仅仅有动物，也有人。

夏尔巴人就居住在亚洲喜马拉雅山脉的两侧，主要在尼泊尔。他们都是具有当地地理知识的登山家。他们也经常在登山探险中担任向导。

夏尔巴人是登山中搬运沉重包裹的主力

夏尔巴向导

1953 年，埃德蒙·希拉里爵士和他的夏尔巴向导丹增·诺盖成为已知的第一批登上珠穆朗玛峰的人。珠穆朗玛峰是世界上最高的山峰，海拔 8848.86 米。

夏尔巴人和其他山地人一样，已经形成了适应高海拔生活的体质。海拔越高，空气中的氧气就越少。山区居民身体中有更多的血红蛋白。血红蛋白是人体血液中运载氧气的部分。山区居民的红细胞体积更大，而较浓稠的血液也意味着他们需要一个更大、更强壮的心脏来泵血——实际上，山区居民的心脏有时会比一般人大五分之一左右。他们的肺也大一些。

珠穆朗玛峰

丹增·诺盖的雕像

怎么样，我在山上的探险非常刺激吧？但是，当我回到实验室的时候——好吧，这对我而言才是真正令人兴奋的开始。因为你似乎永远无法笃定你究竟发现了什么，也无法笃定你是否发现了数百万年前生活的植物或动物，一切完全是未知的。

所以我们来到了这里，我们的实验室。正如你所看到的，我要忙上好一段时间了……

24

为什么乔会在那里呢

针对化石的研究被称为古生物学。乔是一个在山区做研究的古生物学家。

发现化石之后，他要把这些化石送回实验室进行仔细研究。通过研究化石，人类可以了解到许多已灭绝的动植物生命的信息。

古生物学家现场工作的工具

碳定年法

确定骨骼和化石年龄可用放射性碳定年法。它测量放射性碳的含量，这种物质是岩石和气体等释放的一种碳元素。这种碳即使在生物死了很久之后还存在，并且它在生物体死亡后就不会再与自然界进行交换而开始随时间衰减，而自然界中依然按原有规律进行碳交换，比较后即可推测生物死亡年限。

化石要被贴上标签并存放在现场。这一点很重要，因为这些被发现的骨骼化石可能会在以后被重新搭建，从而形成完整的动物化石骨架。

菊石属于头足纲，并不是一种贝类，这是它的化石

指准化石是指在岩石中发现的于特定时间形成的化石。指准化石可以使确定岩石及其化石的年代这项工作变得更加容易。

词汇表

海拔
描述了陆地高于海平面的高度。

断块山
断块山是地壳因断块活动隆起而形成的山。

碳酸钙
碳酸钙是一种用途广泛的无机盐。碳酸钙是石灰岩的主要组成部分。

地震
地震是地球表面（称为地壳）的剧烈、突然的运动。

元素
元素是一种物质，如碳、氢、氧等，它们是构成所有物质的重要组成部分。

震中
震中是地球表面震源正上方的区域。

侵蚀
它是由流水、风力或冰川的作用引起的岩石或地面的磨损。

断层
断层是地壳运动引起的岩层断裂。

化石
化石是在地球历史早期，地球上的植物或动物的遗体或遗迹变成的"石头"。

引力
引力是将物体拉向地球中心的力。

石灰岩
石灰岩是一种岩石，由一层层沉积物形成，随着时间的推移，这些沉积物被压成了坚硬的岩石。

古生物学
研究化石和含有化石的岩石的学科。

地震仪
地震仪是一种测量地震期间地面震动程度的仪器。

《每个生命都重要：身边的野生动物》

走遍全球 14 座大都市，了解近在身边的 100 余种野生动物。

《世界上各种各样的房子》

一本书让孩子了解世界建筑史！纵跨 6 000 年，横涉 40 国，介绍各地地理环境、建筑审美、房屋构建知识，培养设计思维。

《怎样建一座大楼》

20 张详细步骤图，让孩子了解我们身边的建筑学知识。

《像大科学家一样做实验》（漫画版）

超人气科学漫画书。40 位大科学家的故事，71 个随手就能做的有趣实验，物理学、数学、天文学等门类，锻炼孩子动手、动眼和思考的能力。

《人类的速度》

5 大发展领域，30 余位伟大探索者，从赛场开始了解人类发展进步史，把奥运拼搏精神延伸到生活之中。

《我们的未来》

从小了解未来的孩子更有远见！26 大未来世界酷炫场景，带孩子体验 20 年后的智能生活。